DE L'ANESTHÉSIE

OU ASPHYXIE MOMENTANÉE

DES ABEILLES

SES INVENTEURS ET SES PRÔNEURS

MOYEN DE LA PRATIQUER, ET SES GRANDS INCONVÉNIENTS
MODE PLUS SIMPLE, PLUS FACILE ET PLUS RATIONNEL QUI DOIT LUI ÊTRE
PRÉFÉRÉ POUR S'EMPARER DES POPULATIONS

et récolter les ruches vulgaires

AVEC FIGURES

PAR H. HAMET, APIPHILE

Secrétaire général de la *Société centrale d'Apiculture*
Membre de la *Société protectrice des Animaux*

CONTINUATEUR DU COURS DE LOMBARD

PARIS

LIBRAIRIE CENTRALE DE A. GOIN

QUAI DES GRANDS-AUGUSTINS, 44

et chez tous les Libraires

1855

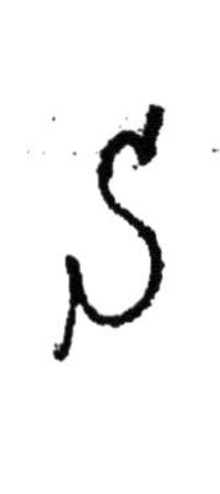

DE L'ANESTHÉSIE

OU

ASPHYXIE MOMENTANÉE

DES ABEILLES

SES INVENTEURS ET SES PRÔNEURS

MOYEN DE LA PRATIQUER, ET SES GRANDS INCONVÉNIENTS
MODE PLUS SIMPLE, PLUS FACILE ET PLUS RATIONNEL QUI DOIT LUI ÊTRE
PRÉFÉRÉ POUR S'EMPARER DES POPULATIONS

ET RÉCOLTER LES RUCHES

vulgaires

AVEC FIGURES

PAR **H. HAMET**, APIPHILE

Secrétaire général de la *Société centrale d'Apiculture*
Membre de la *Société protectrice des Animaux*
CONTINUATEUR DU COURS DE LOMBARD

PARIS

LIBRAIRIE CENTRALE DE A. GOIN

QUAI DES GRANDS-AUGUSTINS, 44

et chez tous les Libraires

1855

PARIS. — IMPRIMERIE DE J.-B. GROS
RUE DES NOYERS, 74

Les plus grands ennemis des progrès apicoles ne sont pas ceux qui suivent l'erreur, les préjugés et les abus ; ce sont ceux qui en créent de nouveaux et les propagent. Aussi, l'on ne saurait trop réfuter ces derniers. Le critique qui s'empressera de signaler et de combattre les fausses théories que je pourrais émettre et les fausses pratiques que j'essaierais d'établir, me rendra, ainsi qu'à l'apiculture, les services les plus signalés, desquels je le remercie d'avance.

C'est dans cet esprit que j'entretiens aujourd'hui le lecteur de l'*Anesthésie des Abeilles*, dont on promet monts et merveilles, et que je tâche de lui en démontrer les graves inconvénients.

ANESTHÉSIE DES ABEILLES

I.

L'anesthésie, mot peu connu il y a vingt ans, est la diminution ou l'anéantissement de la sensibilité chez les animaux. C'est une sorte de sommeil léthargique lorsqu'elle est procurée par l'éther et le chloroforme, et une véritable asphyxie lorsqu'elle est procurée par la fumée de la plupart des corps en ignition.

L'anesthésie des abeilles au moyen de la fumée, appartenant à cette dernière catégorie, est purement et

simplement un étouffement momentané. C'est donc im-
proprement qu'on se sert des termes *endormir, assoupir*
ou *engourdir* les abeilles lorsqu'on les soumet à la fumée
jusqu'à privation du mouvement; on les asphyxie momentanément, quand on ne les tue pas complétement.

Quelques auteurs, entre autres M. Debeauvoys, assu-
rent que cette opération n'incommode aucunement les
abeilles. C'est une erreur très-grande qu'il importe de
réfuter. L'abeille qui a été asphyxiée par une fumée ou
un gaz délétère est tout aussi affectée que le serait un
bœuf étourdi par une massue; elle souffre horriblement
pendant qu'elle revient à la vie, quand elle revient. La
preuve, c'est qu'elle agite violemment ses membres, se
tord, transpire et a une respiration saccadée et irrégu-
lière pendant plus de quarante minutes. On en voit même
rester dans cet état de souffrance atroce pendant plus de
quatre-vingt minutes et succomber après.

Heureusement que l'asphyxie par la fumée est ordinairement moins complète que celle par l'immersion dans
l'eau; car, si elle était aussi complète et se prolongeait,
aucune abeille ne la supporterait. Cependant, quoique
moins complète, elle est bien plus dangereuse; car, dans
l'asphyxie par manque d'air, comme par le froid, la respiration cesse sans que les stigmates aient reçu d'éléments
malfaisants; tandis que, dans l'asphixie par la fumée,
les organes de la respiration ont absorbé des molécules
d'un gaz qui a pu occasionner des désordres; telle est
du moins ma pensée et la conviction du savant Huber.

Aussi, dans l'intérêt de l'apiculture, et bien que l'habile observateur de Genève ait constaté que l'abeille est un des insectes qui supportent le mieux l'action des gaz méphitiques, ne saurait-on ne faire usage des moyens asphyxiants qu'avec une extrême circonspection, ne les employer que lorsqu'on ne peut user des procédés ordinaires, les rejeter complétement lorsque les ruches ont du couvain.

L'anesthésie ou l'asphyxie momentanée des abeilles n'est pas chose nouvelle. Il y a plus de deux siècles que dans sa *Monarchie des abeilles* (Oxford, 1609), l'Anglais Ch. Butler a enseigné la manière d'*endormir* les abeilles par la fumée du lycoperdon, ou vesce de loup. Avant lui, Charles Estienne a fait connaître, dans sa *Maison rustique* (1565), l'usage de la vesce de loup pour chasser et enfumer les abeilles, usage que les Grecs avaient probablement connu. Schirach et le Hollandais Vandergroen ont également parlé des propriétés asphyxiantes de ce champignon. Réaumur n'ignorait pas non plus l'emploi de la vesce de loup, puisqu'il en parle dans ses mémoires, et s'il lui préférait l'immersion dans l'eau, c'est qu'il avait remarqué que cette asphyxie est moins dangereuse. On sait que, pour exécuter la plupart de ses nombreuses et belles expériences, ce savant observateur plongeait les ruches dans un baquet plein d'eau, ce qui lui permettait de s'emparer des abeilles sans trop de danger pour elles et sans aucun pour lui. Huber n'essaya les fumées et les gaz que pour constater leurs propriétés asphyxiantes, et pour s'assurer si les abeilles respirent. Dans la plupart de ses expériences, il *chassait* les abeilles

et mouillait quelquefois les ruches comme Réaumur.
Enfin, dans son Mémoire sur l'éducation des abeilles en
Provence, couronné par l'académie de Marseille en 1785,
Béraud s'est beaucoup occupé du moyen d'empêcher le
le combat des abeilles par la fumée du lycoperdon que,
sans succès, il a essayé de vulgariser.

Cependant, depuis cinquante ans le nombre des possesseurs de ruches qui ont essayé les fumées pour asphyxier momentanément les abeilles, a été beaucoup plus
grand que par le passé, grâce surtout aux écrits de
Mayeur et de Nutt. Le premier a publié dans les *Annales
de l'agriculture française* (février 1811), et dans les
Archives des découvertes, etc. (tom. 7, p. 167), le moyen
assez simple, et déjà connu, de se servir de la vesce de
loup, que l'on trouve dans le nouveau Manuel pour gouverner les abeilles, de Radouan (*Encyclopédie Roret*),
et que je rapporte ici, bien qu'il ne soit pas vrai d'un
bout à l'autre :

« On prend, gros comme un œuf, du champignon
nommé lycoperdon stellatum (vesce de loup) ; on l'allume
à l'entrée de la ruche ; pour peu de fumée qui y entre, les
abeilles sont aussitôt *endormies* et tombent comme mortes ; elles restent dans cet état un bon quart d'heure,
pendant lequel on fait de l'essaim tout ce que l'on veut
sans crainte d'être piqué ; ce procédé, qui ne fait aucun
tort, ni aux abeilles, ni au couvain (très-inexact), pro-
cure l'avantage de renforcer un essaim qui a trop peu
d'habitants. — Le lycoperdon stellatum est indigène, et
croît dans les bois sablonneux ; son enveloppe est une

membrane épaisse et coriace qui se fend en plusieurs parties ouvertes en étoiles; l'intérieur est un globule sphérique qui laisse échapper une poussière très-fine à travers ses pores. Cette plante est très-vénéneuse, et il faut la faire sécher pour s'en servir. »

Quoique inexact et défectueux, ce procédé est employé, tel qu'il est décrit dans Radouan (p. 362, t. 2), par quelques apiculteurs qui possèdent cet auteur. D'autres traités, tel que celui de Delalauze, qui se trouvent également dans les mains d'un certain nombre d'apiculteurs, donnent aussi la manière de se servir de la fumée de vesce de loup. M. Desvaux, compatriote de M. Debeauvoys, mentionne dans son *Apiculture simplifiée* (Angers, 1849) l'emploi de la vesce de loup bien sèche brûlée comme l'amadou, et cite un apiculteur de ses voisins qui se sert de la fumée de ce champignon pour transvaser ses abeilles.

Or, si plusieurs apiculteurs emploient la vesce de loup; si, dans la localité même qu'habite M. Debeauvoys, on faisait usage du lycoperdon en 1849; si, dans les environs de Lille, comme l'avoue lui-même celui-ci (*Bul. de la Soc. zoologique*, 1re année, p. 277), on n'a cessé de faire usage de la fumée de ce champignon, cet auteur n'a donc pu *le reprendre en sous-œuvre*, comme il l'annonçait pompeusement à la Société zoologique d'acclimatation l'année dernière; car, on ne saurait reprendre en sous-œuvre une chose qui n'a cessé d'être en pratique.

Quant à l'emploi du nitre (nitrate de potasse) ou salpêtre, dont ce même auteur se donnait pour *inventeur* un

peu après qu'il eut *repris en sous-œuvre* la vesce de loup,
qu'il a depuis abandonnée, on sait que l'usage en est
connu depuis longtemps dans quelques contrées, et notre
auteur, qui semble l'ignorer parfois, paraît en être convaincu dans d'autres circonstances. On sait que, dans
plusieurs localités, des possesseurs de ruches emploient
depuis longtemps la fumée du sel de nitre pour mettre
leurs abeilles en *état de bruissement*, et que, lorsque la
dose est un peu forte, les abeilles passent à l'asphyxie
momentanée et même à la mort. Est-ce que Nutt, ce
fameux apimane anglais, qui faillit faire tourner toutes
les têtes avec sa ruche et ses pratiques merveilleuses, ne
nous a pas donné, il y a plus de trente ans (V. son ou-
vrage et Radouan), la manière de nous servir de l'amadou, ou autrement, du nitrate de potasse pour enfumer
les abeilles jusqu'à asphyxie?

Donc, pour inventer ou découvrir les propriétés anesthésiques du nitre, il n'y avait qu'à se donner la peine de
remarquer ce que font depuis longtemps de simples apiculteurs de la campagne, ou à lire Nutt; ce que tout le
monde peut faire sans bruit. Mais en faisant comme tout
le monde, on ne saurait être remarqué; il faut découvrir
quoi que ce soit de *neuf* et de merveilleux.

Malheureusement, ou heureusement, dans le domaine
de l'apiculture « il n'y a rien de nouveau sous le soleil, »
c'est le cas de le dire. Car, pour peu qu'on se donne la
peine de fouiller dans les deux ou trois cents volumes
qui ont été écrits sur les abeilles depuis deux siècles,
pour peu qu'on s'enquière de l'état de connaissances

apiculturales des Grecs, nos maîtres, on s'aperçoit bien vite qu'il reste moins à découvrir qu'à améliorer. Ce n'est donc que le simple titre de restaurateur qu'on puisse raisonnablement ambitionner, tout autre étant trop sujet à vous faire taxer d'ignorance ou de charlatanisme.

II.

La première annonce de la restauration des grands avantages de l'anesthésie par la fumée du lycoperdon nous vint des journaux de l'Anjou, et nous fut donnée quelque temps après qu'un docteur anglais, Benjamin Richardson, eut communiqué à la Société médicale de Londres la découverte qu'il venait de faire des propriétés anesthésiques ou plutôt asphyxiantes de la vesce de loup, propriétés que connaissaient, depuis plus d'un siècle, des paysans de l'Angleterre, mais qu'ils n'ont pas pensé à découvrir parce que c'étaient des paysans.

Voici donc ce qu'on lisait dans l'*Union de l'Ouest*, sur l'asphyxie des abeilles :

« Tout le monde ne sait pas à quel prix le miel nous
« est conquis avant d'aborder nos tables : le plus souvent
« c'était après l'asphyxie complète des abeilles que l'a-
« piculteur entrait dans la ruche et prenait possession
« des rayons de miel ; méthode ingrate et cruelle, il faut
« bien le dire, qui ne laissait même pas aux patientes
« ouvrières la possibilité de reconstituer leur butin, et

« tendait à nous priver un jour peut-être du fruit de leur
« utile industrie.

« Aujourd'hui, grâce à l'importation faite dans notre
« département, l'apiculture se trouve dotée, comme la
« médecine, d'un nouveau moyen anesthésique qui sus-
« pend instantanément et momentanément la sensibilité
« des abeilles; avec son application prompte et facile,
« il est permis maintenant d'inspecter l'intérieur des ru-
« ches, d'y butiner sans coup férir, d'y faire, en un mot,
« une visite complète, sans le moindre danger pour l'ex-
« plorateur.

« Le *nouvel* agent narcotique employé n'est ni l'éther,
« ni le chloroforme ; son origine est plus humble, son
« nom moins sonore, sa réputation moins étendue; pour-
« tant son action, tout aussi puissante que celle de ses
« deux glorieux rivaux, pourrait bien parvenir à les dé-
« trôner un jour: c'est tout simplement la vapeur ou la
« fumée qui se dégage, en la brûlant, d'une variété de
« *lycoperdon*, vulgairement appelée *vesce de loup*, et
« dont l'inhalation produit sur les animaux, au bout de
« quelques minutes, le phénomène de l'éthérisation la
« plus complète. La fumée de ce *fongus* ou espèce de
« champignon, que les Anglais appellent *lycoperdon pro-*
« *teus (common puffball)*, est employée depuis longtemps
« en Angleterre, de préférence aux vapeurs de soufre,
« pour engourdir les abeilles avant d'enlever le contenu
« des ruches. Elle a l'immense avantage de ne pas faire
« périr ces insectes, et c'est cette propriété qui, ré-
« cemment, a donné au docteur B. Richardson l'idée de

« l'employer comme anesthésique, ce qui a lieu avec le
« plus grand succès sur les animaux, puis sur l'homme. »
— J'en doute fort, et je ne suis pas seul de cet avis (1).

Quoi qu'il en soit, l'annonce est très belle, comme on
le voit, et si la recette est défectueuse, elle n'en promet
pas moins. Grâce à elle, tout le monde va pouvoir re-
garder dans ses ruches comme dans ses poches et y butiner une copieuse récolte de miel, tout en respectant
beaucoup fortement l'existence des abeilles.

Dans la deuxième édition revue et corrigée de cette
annonce, on disait que l'expérience avait été faite par
M. Debeauvoys, et l'on conseillait de consulter son *Guide*

(1) M. Cordier apprend à la Société protectrice que M. Frédérié Gérard et lui ont fait, il y a deux ans, sur eux-mêmes des expériences
ayant pour objet de constater si la fumée du lycoperdon aurait sur
l'économie humaine l'action stupéfiante qu'on lui attribue sur les
abeilles. « M. Gérard, dit-il, s'est exposé à diverses reprises et pendant près d'une demi-heure chaque fois à l'action de la fumée du lycoperdon en ignition, après s'être couvert la tête d'un voile épais. »
Quant à ses expériences personnelles, M. Cordier dit avoir fumé en
guise de tabac ce même champignon et n'avoir éprouvé aucun effet
narcotique. M. Cordier se demande si la fumée du lycoperdon a vé-
ritablement plus d'action sur les abeilles que la fumée des autres subs-
tances végétales, et surtout que celle de la jusquiame, de la bella-
done, du stramonium et du chanvre, et il désirerait qu'on fît à cet
égard des expériences comparatives. (Bull. de la Soc. prot. des animaux, oct. 1855, p. 163). — Ceux-là qui prônent aujourd'hui leur
spécifique ont-ils fait ces expériences? Ont-ils seulement jamais fait
une véritable expérience? Pour une justification, je les ajourne devant la Société centrale d'apiculture qui, plus que toute autre, est
apte à prononcer.

de l'apiculteur pour la manière d'opérer ; ce que l'on pouvait traduire par la fameuse phrase de l'*Ours et le Pacha* que tout le monde connaît.

Beaucoup, en effet, qui avaient lu la réclame, achetèrent le livre ; mais n'y trouvèrent pas du tout la manière de procéder. Ils y lurent, au contraire, des appréciations peu favorables de tous les moyens anesthésiques en général et de la fumée du Lycoperdon en particulier, appréciations que je rapporte ici parce qu'elles sont conformes aux miennes et à celles de Radouan, de Sirand et d'autres bons praticiens (1).

(1) « Je crois très dangereux d'asphyxier les abeilles comme l'indique le procédé Mayeur, et à supposer qu'il n'en meure point, cela doit les faire souffrir. Je n'indique donc ce procédé que pour engager à ne pas s'en servir, ni d'autres pareils, à moins d'une nécessité indispensable ; et, depuis 40 ans que je soigne des abeilles, je n'ai jamais éprouvé cette nécessité ; je mêle très facilement ensemble, sans recourir à l'asphyxie, les essaims ou les ruches faibles, pour en former de bonnes ruches » (Radouan, tom. 2, p. 362).

« Ce qui me reste à dire contre l'asphyxie pratiquée sur les abeilles c'est que le couvain peut en être fort affecté et périr en partie ; s'est-on assuré du contraire (Sirand. *Lettres sur les abeilles*, 69).—Je suis forcé d'ajouter quelque chose de plus grave, c'est que la *reine* est exposée à périr, car elle se cramponne aux gâteaux ; que les abeilles lui font un rempart de leur corps et l'empêchent de tomber ; que si elle tombe, ses ailes, qui sont plus courtes, ne la retiennent pas dans sa chute comme les autres abeilles qui sont plus légères et qui, presque toujours, s'agitent longtemps à terre à l'aide de leurs bonnes ailes. Si tout cela n'est pas concluant, j'ajouterai que dans trois de mes opérations (sur cinq) mes *reines* ont péri et mes ruches ensuite, comme on sait que cela doit arriver » (*Ib.* p. 70).

« La coque de lycoperdon, vulgairement désigné sous
« le nom de vesce de loup, mis en état d'ignition, as-
« phyxie spontanément les abeilles pour 15 à 30 minutes.
« Mais *il faut en être sobre, car cette fumée en excès les
« tue complétement.* » (*Guide de l'apiculteur,* 4e éd.
p. 165). J'ajouterai que le lycoperdon les tue tout aussi
complétement que le soufre et en aussi peu de temps.

En parlant de tous les moyens anesthésiques, cet auteur ajoute : « J'indique ces moyens, bien plus pour faire
« savoir tout ce que l'on a fait pour arriver à traiter les
« abeilles plus commodément que pour les conseiller, car
« *il ne m'est pas possible de croire que cette suspension*
« *de la vie plus ou moins souvent répétée ne nuise aux*
« *abeilles,* et la plupart d'entre eux *sont peu à la portée*
« du véritable producteur » (*Ib.* page 167).

M. Debeauvoys pense tout autrement pour le quart
d'heure et montre qu'il n'est pas fixe dans ses idées. Mais
n'anticipons pas sur les dates et achevons de consulter
son opinion d'il y a quinze mois.

« L'usage de ce moyen (fumée de vesce de loup) est
« commun en Russie, où quelques personnes seulement
« l'emploient ; *nous ne nous en servons que dans nos dé-*
« *monstrations publiques* et ne le conseillons qu'aux per-
« sonnes trop timorées. » (Debeauvoys, *Moniteur des con-*
naissances utiles, p. 43).

Quelques mois plus tard, notre auteur ne pensait plus
de même. C'est alors qu'ayant mis de côté sa première
opinion, il annonçait à la Société zoologique qu'il venait
de reprendre en sous-œuvre l'emploi du lycoperdon et

d'en obtenir des résultats fort utiles (*sic*). C'est aussi dans ce contre-temps que paraissaient dans les journaux les annonces dont nous avons parlé plus haut.

Dans sa communication à la Société zoologique, M. Debeauvoys débute ainsi sur la manière de se servir de la vesce de loup : « Pour se servir de ce champignon, « afin d'*endormir* les abeilles, on doit comprimer le « lycoperdon, afin de le mieux conserver, mais il n'y a « pas besoin de *le tremper dans une solution de sel de* « *nitre* (azotate de potasse). »

Vous saviez donc que les apiculteurs trempent quelquefois la vesce de loup dans une dissolution de sel de nitre avant d'en faire usage ? En effet, la communication du médecin Richardson laisse entendre que pour que ses effets soient plus prompts, le champignon doit être trempé dans la potasse caustique. J'ai rencontré à mon cours du Luxembourg des praticiens qui procèdent ainsi depuis longtemps, entre autre M. Defaux, qui, depuis plusieurs années, fait usage de vesce de loup et de chiffons nitrés. Un apiculteur qui a beaucoup vu et observé, M. le baron de Montgaudry, président de la Société centrale d'apiculture, m'a affirmé que dans ses nombreux voyages, il a été à même de remarquer que la plupart des paysans qui font usage de *chiffons nitrés pour transvaser leurs ruches, tuent le plus souvent leurs abeilles*. Aussi, soit-dit en passant, ne peut-il comprendre que la Société protectrice des animaux encourage ce mode brutal.

Or, si vous saviez qu'on trempe quelquefois la vesce

de loup dans le nitre ; s'il est constant qu'on se sert du nitre depuis longtemps dans certaines localités, vous n'êtes donc pas l'inventeur de l'anesthésie par le nitre? Le fameux Nutt est là, du reste, pous vous disputer la priorité de cette découverte, qui était faite avant lui.

Voici sur cette prétendue découverte comment M. Debeauvoys s'exprime dans sa lettre de faire part à la Société zoologique :

« J'ai pensé que l'amadou, que l'on trouve dans le
« commerce, produirait *peut-être* les mêmes effets que
« le lycoperdon, et, l'ayant employé de même, mais en
« plus grande quantité, j'ai vu s'opérer le même phéno-
« mène. »

— Parbleu ! cela est avéré depuis longtemps, et Nutt, votre compétiteur, vous dispensait d'un peut-être; car voici ce qu'il a appris à tous à l'endroit de l'amadou :

« On place dans le fumigateur soit de l'*amadou,* etc.;
« on y met le feu; en peu de minutes la fumée qui se
« dégage de l'*amadou* monte dans la ruche, et les abeilles
« tombent par milliers...» (Nutt, cité par Radouan , *Manuel du propriétaire d'abeilles,* tom. 2, p. 356).

Voilà qui est clair, voilà qui montre que les propriétés asphyxiantes de l'amadou ne sont pas connues d'aujourd'hui. Donc, on a mauvaise grâce de venir dire qu'on les a découvertes, et de s'en faire médailler.

Dans une séance de la Société protectrice à laquelle j'assistais, le nouvel inventeur des propriétés soporifiques du nitre, amené à donner des explications sur sa découverte, s'exprima ainsi : — Ayant essayé l'amadou, j'eus

« le bonheur (*sic*) de *découvrir* ses propriétés, et de là
« celles du nître. » Encore une fois, il n'y a pas de quoi,
puisque c'était déjà fait. Et, lors même que le moyen
n'eût pas été connu, il n'y avait pas de quoi le sou-
mettre à la Société protectrice, puisqu'il fait beaucoup
souffrir et *tue* les abeilles ; puisque, dans la pratique
apiculturale, il ne vaut pas, à beaucoup près, les moyens
ordinaires, je veux dire le transvasement comme on sait
le faire aujourd'hui.

III.

Comme membre de la commission dite des abeilles de
la Société protectrice, et à peu près seul compétent en
apiculture, je devais nécessairement être convoqué à
l'expérience que M. Debeauvoys avait offert devant cette
commission. J'étais déjà heureux de pouvoir éclairer
mes honorables collègues sur les graves inconvénients
de l'anesthésie des abeilles, et surtout de l'anesthésie par
le gaz azote que Huber a expérimenté et trouvé si dangereux ; mes qualités de membre protecteur des animaux
et d'apiphile m'en prescrivaient le devoir ; je me faisais
également un cas de conscience de leur faire connaître
es véritables inventeurs et les prôneurs des moyens
anesthésiques, afin que ce qui appartient à César soit
rendu à César. Hélas ! j'avais compté sans les circonstances et sans les camarades. Après avoir été invité à
une expérience publique, puis contremandé, je fus invité

une seconde fois par M. Debeauvoys lui-même. Je ne manquai pas au rendez-vous, et me rendis au rucher d'expérience le jour indiqué. Mais je n'y trouvai personne, ni professeur, ni auditeurs!... Après m'être remis de la demi-surprise et ne voulant pas perdre tout à fait mon temps, j'inspectai soigneusement les deux ruches qui se trouvaient là et qui, depuis quinze jours, avaient été soumises trois ou quatre fois à l'asphyxie. Pour l'une, c'était très-facile : *elle était morte*, Messieurs et Mesdames, morte des suites de l'anesthésie!... Les quelques abeilles réchappées avaient été réunies la veille à l'autre ruche, qui n'était pas brillante non plus et qui mourut un peu plus tard. J'en examinai attentivement les gâteaux et je remarquai qu'une certaine quantité de couvain aperculé était sec et avait péri au berceau. Je jugeai qu'*il avait dû succomber dès la première opération.* Huber a fait, de son temps, des remarques semblables ; il a constaté que les abeilles soumises aux gaz délétères supportent passablement l'opération si elle est faite avec circonspection, mais que le couvain succombe presque toujours dès la première opération. (*Observations*, t. 2.)

Je ferai remarquer que ceci se passait la veille de la distribution des récompenses de la Société protectrice des animaux. Et si l'on me demande maintenant quand, comment et par qui a pu être examinée et appréciée *l'heureuse découverte,* qui a valu à son auteur une médaille d'argent grand module, et qui a été le sujet d'un rapport vraiment curieux, je répondrai que je n'en sais

rien. En attendant, voici ce rapport, que je souligne à
ses endroits les plus emphatiques et les plus inexacts.

Assoupissement des abeilles par M. Debeauvoys.

« Pour récolter le miel, on sacrifie ordinairement un
grand nombre d'abeilles, parce que *les moyens utilisés
pour les engourdir ou les éloigner de la ruche sont défectueux et d'un emploi difficile.*

« Mais un savant apiculteur, le *docteur* Debeauvoys,
a *découvert* et propagé *libéralement* un procédé *simple*
et non coûteux, qui permet *d'assoupir à volonté* les précieux insectes, et par conséquent de puiser dans leur
trésor, *sans dommage pour eux et sans danger pour
l'homme.*

« L'introduction dans la ruche d'une petite quantité
de gaz azote donne cet *heureux* résultat.

« On imprègne quelques grammes de filasse d'une
forte solution de sel de nitre ou salpêtre. Après dessi-
cation, on fait brûler cette filasse dans un petit cylindre
qui porte le nom d'enfumoir. La combustion décompose
le sel, et met en liberté le gaz, que l'on dirige dans
la ruche à l'aide d'un soufflet s'adaptant à l'une des ou-
vertures de l'appareil. *Presqu'aussitôt les abeilles entrent en bruissement,* agitent leurs ailes rapidement,
pour renouveler l'air autour d'elles. Bientôt le murmure
s'affaiblit, s'éteint, l'*assoupissement* commence ; on cesse
d'introduire le gaz et l'on fait la récolte. *Il est inutile
de se presser ; l'abeille engourdie ne risque point de*

périr. Elle *s'éveillera doucement* de cette anesthésie, et ne tardera pas à reprendre son travail et ses habitudes.

« La même ruche a subi *plus de vingt fois,* en quelques jours et *sans inconvénients,* ces *curieuses* expériences. M. Debeauvoys vous invite à les voir, *Mesdames et Messieurs,* il les répète, chaque dimanche, avenue Montaigne, aux portes de l'exposition universelle des Beaux-Arts.

« En *conservant* l'insecte bienfaisant qui peut enrichir nos campagnes, *l'habile apiculteur rend un grand service aux populations agricoles.* La Société protectrice *est heureuse* de le seconder, en faisant connaître ses *procédés nouveaux.* Sur la proposition de la commission, elle le récompense, en ajoutant une médaille d'argent grand module aux douze médailles d'argent ou d'or que M. Debeauvoys a reçues dans différents concours. »   (Docteur BLATIN, rapporteur.)

Bien loin de m'associer aux vues, je ne dirai pas de la Société qui n'a pas été suffisamment éclairée sur ce point et qui possède des sentiments au-dessus de toute critique, mais de celles de son rapporteur qui a jugé trop *superficiellement*, je ferai au contraire tout ce que je pourrai pour empêcher la pratique des anasthésies, notamment de celles avec des matières caustiques, telles que le nitre; parce que ces moyens héroïques, d'autres diraient empiriques, ne valent absolument rien dans les mains de la plupart des possesseurs d'abeilles, et même pas grand chose dans les mains d'hommes éclairés et prudents. Je suis convaincu que si, dans l'état actuel de nos connaissances apicoles, on prenait à la lettre le rapport qu'on vient de lire et qu'on se mît à pratiquer l'anesthésie d'un bout à l'autre de la France, avant cinq ans nous ne posséderions plus d'abeilles. Tels seraient les fruits de l'*heureuse découverte!* Tel serait le revers de la médaille!

Achevons de prouver ce que nous avançons, et disons qu'enfin nous avons pu assister à une des expériences publiques. Nous étions une dizaine de curieux, parmi lesquels quatre apiculteurs disposés à tout observer , à tout scruter, et à tout critiquer au besoin. En moins d'une minute les abeilles en contact avec la fumée de filasse nitrée furent asphyxiées. C'est au moins cinq fois plus tôt qu'en contact avec la fumée de soufre. (La filasse dont on fait usage est ordinairement trempée dans une dissolution de 15 à 20 grammes de nitre). La ruche fut aussitôt ouverte et nous laissa voir la plus grande partie des abeilles tombées sur le plancher, un certain nombre accrochées entre les rayons, et d'autres prises dans les alvéoles où elles avaient été saisies par la fumée.

Il fallut enlever les rayons un à un pour s'emparer de toutes les abeilles accrochées, excepté de celles qui se trouvaient, comme je viens de le dire, dans les alvéoles: il y en avait plus de cinq cents. Les abeilles tombées furent ramassées avec précaution (il en faut beaucoup) dans un panier en toile métallique, puis éparpillées, toujours avec beaucoup de précaution, à l'air sur une toile cirée, étendue sur le gazon. Au bout de quatre ou cinq minutes, quelques-unes commencèrent à se remettre sur leurs pattes. La plus grande partie mit de 40 à 50 minutes pour retrouver toute sa vivacité. Au bout d'une heure, il en revenait encore à la vie; enfin, *un grand nombre ne revinrent pas du tout.* Ce qui ne vous empêche pas, messieurs les docteurs, de proclamer avec beaucoup d'aplomb l'inocuité du moyen et d'assurer qu'on peut le pratiquer un grand nombre de fois sur la même ruche, jusqu'à *vingt fois par jour* (1).

On pourrait croire aussi, comme l'ont également publié les intéressés, que les abeilles en contact avec la fumée asphyxiante *s'endorment* purement et simplement comme le ferait un docteur, in-partibus ou autre, en contact avec les débris d'un copieux souper auquel il aurait largement pris part et se réveillerait de même: il n'en est rien du tout. Si l'asphyxie est instantanée, le retour à la vie est très-long et très-pénible. Pendant ce temps, on voit, comme je l'ai dit en débutant, les abeilles agiter violemment leurs membres avant de pouvoir se redresser. Quelques-unes, après être revenues à la vie, restent plusieurs minutes sans mouvement et comme paralysées; puis, à différentes reprises, elles battent les ailes, et finis- sent par s'envoler en manifestant des intentions peu pacifiques. C'est alors que la position de l'opérateur n'est pas sans danger s'il n'est soigneusement couvert.

Bref, nous avons remarqué toutes ces choses et d'autres, nous, gens du métier qui étions là; nous en avons

(1) La plupart des journaux, y compris le *Moniteur*, ont publié ce *puff*, vers le mois de juillet dernier, c'est-à-dire à l'époque où M. Debeauvoys faisait annoncer sa découverte.

fait nos observotions à l'*inventeur* qui ne nous a pas répondu d'une manière tout-à-fait catégorique. Mais la démi douzaine de bourgeois qui complétaient le nombreux auditoire s'extasiaient sur les effets merveilleux de l'*heureuse découverte*, et se répandaient en toutes sortes de félicitations à l'adresse de qui de droit. Dans le royaume des aveugles les borgnes sont rois.

Quelques jours après, une expérience eut lieu en présence de membres du jury de l'exposition universelle. Cette fois les résultats furent contraires à ceux de l'expérience à laquelle j'assistai. L'opérateur se rappelant sansdoute qu'il avait injecté trop de fumée dans son opération précédente et qu'un grand nombre d'abeilles étaient restées sur le carreau, agit alors avec ménagement. Il injecta peu de fumée. Mais lorsqu'il ouvrit sa ruche pour la faire visiter à MM. du jury, les abeilles, qui n'étaient pas du tout *endormies* ni même dans l'état de bruissement, sortirent en masse et fondirent sur l'honorable auditoire, qui n'en demanda pas davantage.

Ces deux expériences confirment drôlement les assertions émises dans le rapport qu'on a lu plus haut, à savoir : « que ce moyen permet de puiser dans la ruche sans dommage pour les abeilles et sans danger pour 'ho mme. »

IV.

La vérité sur l'anesthésie des abeilles est que, si la dose de matière asphyxiante a été trop forte, si la quantité de

fumée a été trop abondante, si l'opération a été trop pro-
longée, la plupart des abeilles sont tuées complétement.
Si, au contraire, la dose a été trop faible, si l'opération
n'est pas complète, les abeilles sortent en quantité, s'envolent aussitôt qu'elles sont mises à l'air et se jettent le
plus souvent sur l'opérateur.

J'ai dit et je répète que plus la matière employée est
caustique, plus sa fumée est délétère, et plus par conséquent, elle offre de dangers. J'ai dit aussi qu'outre le
grand nombre d'abeilles qui périt pendant et après une
opération mal faite, le couvain est toujours gravement
affecté : il en meurt une certaine quantité au berceau, et
une partie naît dans de mauvaises conditions de santé.
On conçoit qu'étant beaucoup plus frêle que celle de l'a-
dulte, la constitution de la nymphe doive être bien plus
aisément affectée. Il n'y a pas jusqu'aux œufs qui ne
souffrent du contact de la fumée délétère.

Quant à l'opération en elle-même, j'ajouterai : 1° qu'elle
demande le double de temps que par les moyens ordinaires de transvasement ; 2° qu'elle est moins facile ; 3°
qu'elle offre plus de danger pour l'apiculteur, 4° qu'elle
est souvent défectueuse ; 5° qu'elle est sujette à occasionner le pillage et toutes sortes de désordres dans un rucher nombreux, etc., etc.

En 20 ou 25 minutes on s'empare d'une population par
le moyen ordinaire du transvasement, soit par tapottement, soit par une injection de fumée de chiffon, de foin,
ou de bouse de vache ; et, il est rare que dans ces opérations simples et faciles, on détruise une douzaine d'a-

beilles, tandis que par l'asphyxie, il faut une heure au moins, depuis le moment où la fumée est injectée jusqu'à celui où toutes les abeilles sont revenues entièrement à la vie. J'ai dit que par ce dernier mode un assez grand nombre d'abeilles succombent pendant et après l'opération. Je ferai remarquer que la mère peut faire partie de ce nombre. Et alors même qu'elle n'en fait pas partie, je pense que sa ponte en est toujours plus ou moins affectée.

Il est très-facile d'asphyxier les abeilles, c'est-à-dire de les faire tomber en grande partie sur le tablier de la ruche en employant une forte dose de fumée. Mais si l'on n'a pas le soin de bien les étendre sur un linge aussitôt, si on les laisse en tas, celles qui ne sont pas à l'air restent asphyxiées, ou mortes définitivement. En outre, celles qui sont à l'air ne revenant pas toutes ensemble, on ne saurait les manœuvrer comme le croient certaines gens. Les abeilles qui reviennent à la vie les premières ne pensent pas tout d'abord à entrer dans la ruche qu'on leur présente : il faut que la mère soit revenue, elle-même, et qu'on l'ait dirigée vers cette ruche ou mise dedans ; les abeilles s'envolent la plupart, voltigent de tous côtés jusqu'à ce qu'enfin elles entrent dans leur nouvelle habitation. Il serait très-imprudent, et même impossible, à moins que d'être bien couvert, de rester dans un rucher où dix ruches seraient en expérimentation en même temps ; ces dix ruches améneraient infailliblement le pillage.

L'opération est souvent défectueuse, ai-je encore dit. En effet, les abeilles soumises à la fumée asphyxiante ne tombent pas toutes, et un certain nombre, prises dans les alvéoles, sont assez longtemps à revenir à la vie. Si la mère était occupée à pondre ou à visiter les cellules, elle pourrait également être retenue et ne pas tomber.

Il est une saison de l'année où l'on peut cependant faire usage de l'anesthésie; toutefois, avec les matières asphyxiantes les plus bénignes : telles que le tabac, le lycoperdon en petite quantité, le chiffon de toile auquel on ajoute un peu d'amadou, etc. ; c'est à l'époque où il n'y a pas ou lorsqu'il n'y a que très-peu de couvain dans les ruches, et que les abeilles, étant cantonnées dans le haut de leur habitation, se décident difficilement à en déguerpir par les moyens ordinaires. Cette époque arrive à la fin de l'automne, saison dans laquelle, dans les localités de bruyères, on sacrifie de nombreuses populations, qu'on pourrait marier à celles que l'on conserve. —Toute, bonne apiculture est là : ne jamais détruire d'abeilles, et réunir à celles que l'on doit conserver, les populations que l'ignorance voue à la mort.

Mais je ferai remarquer que les moyens anesthésiques sont toujours inutiles avec les ruches perfectionnées, avec celles à cadres et à rayons mobiles, dont on peut en tout temps s'emparer assez facilement des populations. On a d'autant plus lieu de s'étonner que M. Debeauvoys se soit épris d'engouement pour les anesthésies, qu'il reconnaît à sa ruche — système de Blake modifié (1), — l'a-

(1) Blake, apiculteur américain, inventeur des cadres mobiles intérieurs (Dict. d'agr., par François de Neufchateau, Boitard, Noisette, t. 1, p. 5, 1827) Huber est l'inventeur des cadres extérieurs ou feuillets.

vantage de permettre de s'emparer facilement et sans ar-
tifice des abeilles. On marie aisément aussi les populations des ruches à hausses sans avoir besoin de recourir aux transvasements, encore moins à l'asphyxie
des abeilles.

Voici la manière d'obtenir l'asphyxie momentanée. Il
faut opérer au milieu de la journée et par un beau soleil
(pour la disposition du fumigateur, voir celle décrite par
Mayeur, page 8). Après avoir injecté de la fumée par
un des côtés de la ruche pendant environ une minute, on
écoutera attentivement si les abeilles exécutent encore
leur bourdonnement ordinaire; si elles l'exécutent encore, on continuera d'injecter de la fumée; puis, au bout
d'une demi-minute, on écoutera de nouveau. Si, enfin,
l'on n'entend plus aucun bruit, on enlèvera la ruche que
l'on secouera avec précaution pour en faire tomber les
abeilles accrochées entre les rayons, et, avec une barbe de
plume, on achèvera de faire tomber celles qui resteraient
accrochées. On se gardera bien d'introduire la fumée
par l'entrée, qu'on laissera ouverte, ou par le dessous de
la ruche, car on tuerait inévitablement les abeilles amou-
celées à ces endroits et en contact avec le jet de fumée
asphyxiante. Lorsqu'on aura réuni sur un linge toutes
les abeilles, on ne s'aventurera pas non plus à les ver-
ser pêle-mêle et comme du grain dans la ruche où on
veut les loger, ou dans celle à laquelle il s'agit de les
marier; mais on s'empressera de les éparpiller le plus
possible près de la ruche vide qui doit les recevoir, et
dans laquelle elles monteront, surtout si on l'a frottée

d'un peu de miel à l'avance. Le soir, on les mariera en les secouant à l'entrée de la ruche avec laquelle on veut les réunir.

En indiquant l'emploi des moyens asphyxiants lorsqu'on ne peut se servir des moyens ordinaires, je suis loin d'en recommander l'usage général, et de changer d'avis sur leurs valeurs, ainsi que l'a fait M. Debeauvoys qui, après avoir dit, il y a quinze mois, que l'anesthésie est dangereuse, proclame aujourd'hui « qu'on peut *endormir* les abeilles un grand nombre de fois sans altérer en rien leur santé, sans diminuer leur activité (*Calendrier d'apiculture*, p. 62), » et il ajoute : « Une foule d'expériences me l'a suffisamment démontré. » Une seule m'a convaincu, moi, que *votre découverte* ne valait pas grand chose avant vous et qu'elle ne vaut pas davantage maintenant ; et, si j'étais réduit à n'employer que le nitre ou le soufre, je préférerais ce dernier qui, comme asphyxiant, est moins dangereux que le premier. Nombre de fois, j'ai pu constater que des abeilles soumises pendant plus de trois minutes au gaz sulfureux étaient revenues (ou du moins beaucoup) si on avait eu soin de les exposer à la fraîcheur ou de les couvrir d'un peu de terre humide. — Pendez-vous, docteurs, on a découvert sans vous et sans rire les propriétés anesthésiques du soufre !

Quoi qu'il en soit, je ne saurais assez répéter qu'à tous les moyens anesthésiques, merveilleux et autres, prônés ou non, depuis l'éther et le chloroforme qu'ont essayés quelques amateurs de découvertes, jusqu'à l'acide carbonique ou manque d'air, expérimenté par Huber et restauré par M. de Frarière ; qu'à tous ces moyens, dis-je, il faut toujours, excepté dans le cas que je viens d'indiquer, préférer le mode de transvasement par tapottement, que quelques apiculteurs désignent sous le nom de *saubeillage, montage*, etc., mode facile, simple et rationnel que tout le monde peut pratiquer sans encombre. Voici comment s'opère ce transvasement, c'est-à-dire l'opération qui oblige les abeilles d'une ruche de la quitter pour entrer dans une autre.

<h2 style="text-align:center">V.</h2>

Transvasement par tapottement.

Après avoir décollé de son tablier la ruche à transvaser et avoir projeté un peu de fumée de tabac à son entrée, il faut la mettre sens dessus dessous, et la placer sur un tabouret dépaillé ; poser dessus une ruche vide, de même diamètre autant que possible ; envelopper ces deux ruches d'un linge qui en bouche les issues de manière à ce que les abeillesne puissent s'échapper (fig. 1). Cette disposition prise, on tapotte, pendant 20 à 25 minutes et avec les mains ou des petits bâtons, la ruche pleine en commençant à sa partie la plus inférieure et en montant graduellement. Au bout de ce temps, il est rare que les abeilles ne soient pas montées dans la ruche supérieure que l'on enlève après avoir développé le linge

et que l'on place à l'endroit qu'occupait la première.
S'il en reste quelques-unes dans celle-ci, on va la pré-
senter à l'orifice de celle qui contient la colonie, et on
la tapotte légèrement jusqu'à ce que les retardataires
aient toutes déguerpi (fig. 2). — Une seule personne peut
transvaser plus de vingt ruches par jour, ce qu'elle ne
saurait faire par l'asphyxie. — Les transvasements se
font au milieu de la journée et par un beau temps.

Fig. 2.   Fig. 1.

Dans l'une de ses premières séances, la *Société centrale d'apiculture* a, sur ma proposition, recom-
mandé ce mode, qu'emploient tous les bons praticiens
lorsqu'il s'agit de s'emparer des populations des ruches
vulgaires, préférablement aux anesthésies qui offrent

des dangers et ne sauraient convenir la plupart du temps qu'aux naturalistes pour des expériences (1).

Des auteurs ont conseillé d'opérer à l'air libre, assurant que les abeilles, une fois en état de bruissement, ne pensent plus à piquer. Il ne faut pas se fier à cette recommandation.

VI.

Transvasement par la fumée.

On fait aussi des transvasements à l'aide de la fumée de chiffon, de foin, du bouse de vache, ai-je dit, et il est des praticiens qui les prefèrent. Selon moi, ce mode ne vaut pas celui par tapottement : l'opération est souvent plus longue et les résultats sont moins satisfaisants.

La fumée, même la plus bénigne, a un tel effet sur

(1) La Société centrale d'apiculture expérimente les inventions apicoles qui lui sont soumises, recueille les découvertes et les observations de nature à éclairer l'apiculture, propage les méthodes qu'elle a reconnu les meilleures, et accorde des récompenses à ceux qui l'aident dans son œuvre. Elle se compose de tous les apiculteurs et amis des abeilles qui s'intéressent à ce que la culture de ce précieux insecte soit plus étendue et mieux entendue. On peut être reçu membre de la Société centrale d'apiculture en en faisant la demande par écrit et en payant une cotisation annuelle de cinq fr., qui donne droit à la réception gratuite de tout ce qu'elle publie. Siége, rue des Halles-centrales, 2, à Paris.

les abeilles, que si l'on en introduit une petite quantité dans une ruche, les habitantes se retirent et en délogent même, si cette fumée se prolonge. Connaissant cela, des apiculteurs l'ont employée pour *chasser* ou *transvaser* leurs ruches. Quelques-uns font l'opération entière , c'est-à-dire qu'ils chassent complétement les abeilles ; d'autres se bornent à les chasser d'un côté de la ruche, ou d'un rayon seulement qu'ils enlèvent. C'est ce qu'on appelle *tailler* ou *châtrer* les ruches. Cette manière d'opérer est très-défectueuse, car un certain nombre d'abeilles sont sacrifiées, et d'autres, bravant la fumée, se jettent sur l'opérateur. Il vaut mieux transvaser entièrement la ruche et la tailler après. L'opération terminée, on fait rentrer la population soustraite.

Pour faire un transvasement au moyen de la fumée, il faut que la ruche à transvaser ait une issue à sa partie supérieure. Si elle n'en avait pas, il faudrait en pratiquer une.

Après avoir disposé les ruches comme pour le transvasement par tapottement, on injecte modérément de la fumée par l'issue dont je viens de parler, soit au moyen d'un enfumoir ou d'un soufflet Gonthier, qui remplit parfaitement l'office, soit seulement en brûlant du chiffon de chanvre ou de coton que l'on a arrangé en andouille et que l'on présente sous l'issue. Au bout d'un moment, les abeilles, après s'être mises en état de bruissement (1), se décident à déguerpir de leur habitation. On continue la fumée jusqu'à ce qu'elles soient à peu près toutes sorties, et pour le reste, on procède comme dans le mode par tapottement.

La fumée est indispensable lorsqu'on veut s'emparer des essaims logés dans le creux des arbres. Ailleurs, elle ne l'est pas, et offre même d'assez graves inconvénients dans les mains des personnes peu habiles, qui brûlent et tuent souvent un certain nombre d'abeilles. Cependant mieux vaut son usage que celui des anasthésies.

Je me résume.

— Les transvasements par tapottement, faits selon les règles, sont tout ce qu'il y a de plus rationnel, de plus simple et de plus facile pour s'emparer des populations et faire la récolte entière ou partielle des ruches vulgaires.

— L'anesthésie des abeilles, offrant les dangers graves que j'ai signalés, doit être rejetée, sinon complétement de la pratique apiculturale, du moins dans toutes les circonstances où l'on peut employer les moyens ordinaires, c'est à-dire la plupart du temps.

En me prononçant ainsi sur l'asphyxie des abeilles, et en m'élevant particulièrement contre la *recette* vantée, je n'ai qu'une pensée, celle de sauver de la mort les es-

---

(1) Aussitôt que les abeilles sont atteintes par la fumée, elles s'élèvent sur leurs pattes, redressent leur abdomen, font en quelque sorte pirouetter leurs ailes, sans doute dans la vue de purifier l'air de la ruche qui se trouve vicié par la fumée. C'est cette manière d'être des abeilles que l'on appelle *état de bruissement*.

saims que pourraient sacrifier des possesseurs de ruches trop crédules, mort en détail, il est vrai, attendu que les abeilles ne succombent pas toutes sur-le-champ comme dans l'étouffage proprement dit.

Mais l'apiphile n'est pas plus partisan dé la mort en détail que de la mort en grand, de l'anasthésie que de l'étouffage.

OUVRAGES D'APICULTURE

PUBLIÉS ET EN COURS DE PUBLICATION
DE M. H. HAMET

Tableau d'apiculture, contenant environ 100 figures, avec texte explicatif, édité par la *Maison Basset*. Prix,   2 fr

Traité pratique et complet d'apiculture, ou *Art de gouverner les abeilles*, selon les meilleures méthodes, et d'en retirer un bénéfice assuré, avec un grand nombre de figures intercalées dans le texte.

Petit traité d'apiculture, contenant des notions succintes de l'histoire naturelle des abeilles, le gouvernement des essaims, l'emploi des ruches avantageuses, la manière de façonner le miel, la cire et l'hydromel, avec 26 figures, dans le texte. Prix,   60 cent.

Les ruches perfectionnées, description et appréciation de toutes les ruches en usage, avec figures.

De l'anesthésie des abeilles, contenant le moyen de la pratiquer et ses inconvénients, avec figures. Prix, 40 cent.

Des espèces d'abeilles exotiques, avec ou sans aiguillon, susceptibles d'être acclimatées en France. Prix, 30 cent.

De l'amélioration des terres incultes par les abeilles, et moyen de faire produire de 20 à 50 pour 100 par an aux capitaux consacrés à l'industrie apicole.

NOTA. — L'auteur accueille avec plaisir toutes les observations et communications qu'on peut lui faire sur l'apiculture. Adresser les lettres affranchies au secrétariat de la *Société centrale d'Apiculture.*

Paris. — Imp. de J.-B. GROS, rue des Noyers, 74.